AF455523

En vente chez l'Auteur, rue Guy-Labrosse, 12,
Près le Jardin des Plantes, à Paris.

LE MIROIR DE L'AGRICULTEUR

OUVRAGE CONTENANT

1° Un Traité de **Comptabilité agricole** établie sur des principes tels, que tout cultivateur peut constater, jour par jour, et avec facilité l'état de ses diverses opérations et spéculations rurales ;

2° Une **Méthode** faisant connaître avec une grande exactitude le **poids** brut et le **poids** net des animaux sur pieds sans avoir besoin de les PESER ;

3° Une **Notice** indiquant les moyens d'analyser facilement les diverses substances dont sont composées les terres cultivées, afin de les doser de l'*engrais* convenable.

PAR

REMANDET-DURY
EX-AGENT COMPTABLE D'UNE FERME MODÈLE ET SECRÉTAIRE D'UNE SOCIÉTÉ D'AGRICULTURE.

Cet ouvrage est essentiellement utile
ET MÊME NÉCESSAIRE
A TOUS LES CULTIVATEURS,
INSTITUTEURS RURAUX,
TRAFIQUANTS DE BÉTAIL

PRIX : 1 Fr. 25

PROSPECTUS.

Après avoir lu ce petit ouvrage, nos lecteurs, propriétaires et agronomes, d'abord, apprécieront si nous avons répondu aux vœux que nous avons si souvent entendu exprimer pour la composition d'une méthode de comptabilité agricole qui offrirait l'avantage d'être courte à étudier et facile à pratiquer.

Quant à nos lecteurs instituteurs ruraux, nous aimons à penser qu'ils trouveront dans ce petit traité de comptabilité, un moyen facile de faire pénétrer le flambeau de ce progrès, qui n'a pas encore jeté la moindre lueur parmi ces hommes qui habitent les champs en vue de leur culture.

En enseignant aux enfants de cette classe si intéressante de notre nation la manière de se rendre un compte exact de toutes les opérations et spéculations rurales auxquelles ils devront se livrer un jour, nos instituteurs ruraux feront faire un pas immense aux progrès agricoles.

Enfin nos lecteurs, quels qu'ils soient, trouveront dans le *Miroir de l'Agriculteur* une réunion de connaissances qui peuvent leur être très-utiles, soit immédiatement, soit dans un avenir plus ou moins éloigné.

NOTA. En envoyant un mandat sur la poste on recevra ledit ouvrage franc de port (*affranchir*).

Paris. — E. De Soye, imprimeur, rue de Seine, 36.

LE MIROIR

DE

L'AGRICULTEUR

OUVRAGE CONTENANT

1° Un Traité de **Comptabilité agricole** établie sur des principes tels, que tout cultivateur peut constater, jour par jour, et avec facilité l'état de ses diverses opérations et spéculations rurales ;

2° Une **Méthode** faisant connaître avec une grande exactitude le **poids** brut et le **poids** net des animaux sur pieds sans avoir besoin de les PESER ;

3° Une **Notice** indiquant les moyens d'analyser facilement les diverses substances dont sont composées les terres cultivées, afin de les doser de l'*engrais* convenable.

PAR

REMANDET-DURY

EX-AGENT COMPTABLE D'UNE FERME MODÈLE ET SECRÉTAIRE D'UNE SOCIÉTÉ D'AGRICULTURE.

Cet ouvrage est essentiellement utile

ET MÊME NÉCESSAIRE

A TOUS LES CULTIVATEURS,
INSTITUTEURS RURAUX,
TRAFIQUANTS DE BÉTAIL

PRIX : 1 Fr. 25

PARIS

CHEZ L'AUTEUR, RUE GUY-LABROSSE, 12,
Près le Jardin des plantes.

1851

AVIS.

L'Auteur de ce petit ouvrage se chargerait de régir ou une exploitation agricole ou une propriété quelconque.

PARIS. — E. DE SOYE, IMPRIMEUR, RUE DE SEINE, 36.

AVANT-PROPOS.

Vouloir faire de l'agriculture sans comptabilité, c'est vouloir naviguer sans boussole ; c'est livrer au hasard, souvent, les seules ressources de son existence.

Pour nous, il nous est aussi difficile de concevoir une exploitation agricole sans comptabilité, qu'une maison de banque et une manufacture sans tenue de livres ; en effet, qu'est-ce qu'une exploitation rurale, si ce n'est une manufacture, dans laquelle on fabrique du blé, de l'avoine, de l'orge, des fourrages, des engrais, etc?

Aussi combien d'agriculteurs ont aventuré leur fortune pour avoir marché en aveugles, ou du moins pour n'avoir pris pour guide qu'une routine incertaine?

La connaissance de la comptabilité agricole et sa pratique soigneusement appliquée, contribuera, nous en avons la conviction, d'une manière efficace, au progrès de l'agriculture. Mais, chose étrange à notre époque de lumière, le flambeau de ce progrès n'a pas encore jeté la moindre lueur dans la plupart de nos communes rurales.

C'est donc pour être utile à ces hommes, dont le travail et les sueurs font vivre la majeure partie de la population, que nous nous sommes décidés à publier cet ouvrage, dans lequel nous avons fait tout notre possible, pour leur présenter avec clarté et précision les principes d'après lesquels ils pourront promptement et facilement établir et diriger ce genre de comptabilité, laquelle exactement pratiquée par un agriculteur qui la léguerait à ses enfants, ne serait pas la moindre portion de son héritage.

Notre travail est loin d'être parfait, nous ne nous le dissimulons pas : il laisse sans doute beaucoup à désirer, mais nous pensons qu'il a le mérite d'être simple et court, tout en restant au niveau de la science sur cette matière.

A la suite de ce traité sur la comptabilité, nous avons pensé qu'il serait très-agréable et très-utile à nos lecteurs ruraux, d'y joindre les moyens employés pour déterminer le poids du bétail en vie, sans avoir recours à des pesées ; puis enfin d'avoir clos ce petit ouvrage par quelques notions de chimie agricole appliquée, dont la connaissance est d'une incontestable utilité à tous les agriculteurs.

Si ce premier essai reçoit de l'homme des champs, auquel nous le destinons, un bienveillant accueil, nous apporterons tous nos soins à l'améliorer.

NOTIONS PRÉLIMINAIRES.

Comme il arrive souvent qu'on ne conçoit pas les choses les plus simples dans le corps d'un ouvrage, par la raison que l'on ne s'est pas attaché à se pénétrer profondément de celles qui en forment les commencements; c'est pourquoi, il nous a paru essentiel de bien fixer l'attention de nos lecteurs sur l'acception donnée aux mots : *debiteur*, *créancier*, *débiter*, *créditer*, *débit*, *crédit*, *solde*, *balance*, *inventaire*, *actif*, *passif*, *effets à recevoir*, *effets à payer*.

Par **Débiteur** on entend celui qui doit :

Par **Créancier** celui à qui l'on doit.

Créditer quelqu'un c'est écrire qu'on lui doit.

Débit ou **Doit :** on écrit ce mot à la page gauche d'une compte.

Crédit ou **Avoir :** on écrit ce mot à la page droite d'un compte.

Par **Solde :** on entend ce qui manque pour compléter un compte.

Par **Balance :** on entend solder soit le débit soit le crédit d'un compte, afin de les rendre égaux.

Par **Inventaire :** on entend l'estimation et la réunion de toutes les valeurs, tant actives que passives.

On appelle **Actif** : tout ce qu'un individu possède.

Par **Passif** : on entend le total de ce qu'un individu doit.

Les **Effets à recevoir** sont ceux dont on doit recevoir le montant.

Les effets à payer sont ceux dont on doit payer le montant.

DE L'ÉTABLISSEMENT DES LIVRES.

Pour établir les livres les plus convenables à une comptabilité agricole, il faut, non-seulement, savoir s'en former une idée exacte, mais encore posséder des connaissances agronomiques assez étendues, afin d'être en état de créer les procédés nouveaux qui lui conviennent le mieux ; ensuite, il faut considérer quels sont les moyens d'exécution, et les frais qu'elle peut comporter.

Comme le but des divers livres, établis dans une comptabilité, est d'éclairer les opérations par des détails, et par là créer un contrôle qui ne trompe ja-

mais, nous avons reconnu la nécessité d'employer trois espèces de livres que nous nommons **Livret-Journalier, Journal, Grand-Livre.**

Maintenant, nous ferons observer que comme toute modification de valeur subie par un objet qui a une place marquée dans la comptabilité, exige l'intervention de deux comptes, l'un qui reçoit, l'autre qui donne; que, d'un autre côté, la consommation d'un fait étant le résultat de l'altération subie par deux objets, il s'en suit, que chaque article que l'on aura à traiter concernera toujours plusieurs comptes, conséquemment beaucoup d'écritures, quel que soit le genre de comptabilité, mais surtout dans une comptabilité agricole où il y a une multitude de comptes à établir. Telles sont les raisons qui nous ont déterminé à créer les trois genres de livres précités.

DU LIVRET JOURNALIER.

A l'impossibilité qu'éprouverait le comptable d'une exploitation agricole de noter, lui seul, chaque jour, toutes les diverses opérations effectuées par les différents employés, nous avons imaginé de donner à chaque travailleur de la ferme, quel que soit le sexe, un petit livret appelé **Livret-Journalier,** après lequel est attaché un crayon, et réglé comme le modèle ci-après. Chacun des travailleurs est tenu d'écrire sur ce livret l'emploi de son temps, par heure, à chaque espèce de travail auquel il est employé pendant la journée.

Le soir étant arrivé, chacun des employés dépose son livret et il lui en est remis un autre immédiatement, pour qu'il puisse inscrire le lendemain, dans le même ordre, les diverses opérations culturales auxquelles il se sera livré.

Tous les livrets-journaliers, déposés la veille, seront remis le matin au comptable s'il y en a un ; dans le cas contraire, le chef de culture ou sa femme, ou l'un de ses enfants, transcrira sur le journal et sur le grand-livre, les divers articles contenus dans chacun de ces livrets, qui seront remis aux employés le soir même.

Mais, l'on nous dira peut-être, que feront de leurs

livrets les employés qui ne savent pas écrire? A cela nous répondons que, comme il est rare que les divers travailleurs soient seuls la journée entière, ceux qui sont illettrés pourront réclamer le savoir de leurs compagnons, afin de faire noter sur leurs livrets la nature de leur travail et le temps qu'ils y ont employé. Mais supposons que ces travailleurs ignorants soient seuls toute la journée; comme ils sont peu nombreux, le soir, en déposant leurs livrets, la personne chargée de la tenue des livres aura bientôt fait d'écrire, sous leur dictée, ce qu'ils auraient eu à y faire inscrire par d'autres.

Actuellement nous allons exposer sous les yeux de nos lecteurs comment doivent être tracés les livrets journaliers, et la rédaction qu'il nous a paru utile d'y employer.

De prime-abord on remarquera que nous distinguons deux espèces de travailleurs, les uns à bras, les autres à traits; par les premiers, nous entendons toutes les personnes, et par les seconds, tous les animaux employés à l'exploitation.

MODÈLE DES LIVRETS JOURNALIERS.

Noms des TRAVAILLEURS. à bras. *a*	Noms des TRAVAILLEURS. à trait. *b*	NATURE DU TRAVAIL, DATE.	PRODUCTIONS.	Temps DU TRAVAIL. à bras	Temps DU TRAVAIL. à trait.
		Du 15 septembre 1850.			
2	50	Labouré au clos Piry pour	Blé.	3 h.	3 h
3	52	Hersé au clos des Bœufs d°	d°	3	3
4	54	Labouré au champ Brûlé d°	Seigle.	4	4.
5	56	Charrié au clos Piry 4 voitures fumier.	Blé.	4	4
6	58	Labouré au Grand-Champ pour	Blé.	3	3
2	50	Livré 10 hect. de blé au marché.	d° en magasin.	4	4
1		Payé 15 fr. au charron.	Caisse.		
1		d° 15 d° à Joseph Maréchal.	d°		
	50,51	Consommé 20 k^os de foin.	Fourrage.		
	52,54	d° d°	d°		
15		Trait les vaches ce matin.	Laiterie.	1	
12		Pansé le bétail à cornes.	Bœufs, etc.	1	
2		Reçu 15 fr. de son gage.	Caisse.		
3		d° d°	d°		
		Du 16 septembre d°.			
4	54	Charrié du fumier au Grand-Champ pour	Blé.	3	3
3		Travaillé aux rigoles du clos Piry	Blé.	3	
13		A fait la cueillette du maïs.	Maïs.	3	

Ainsi qu'on le voit, chaque page du livret journalier est divisée en six colonnes dans lesquelles l'on

a Les chiffres de cette colonne remplacent les noms des travailleurs à bras ou hommes. Ainsi, au lieu de dire : Martin, nous disons : 2.

b Les chiffres de cette colonne remplacent les noms des travailleurs à trait ou animaux. Ainsi, au lieu de dire : les bœufs charollais, nous disons : 50.

écrit : dans la première à gauche, les numéros représentant les noms des travailleurs à bras ; dans la deuxième, les numéros représentant le nom des travailleurs à trait ; dans la troisième, la nature des travaux ; dans la quatrième, l'objet du travail ; dans la cinquième, le temps des travailleurs à bras, et dans la sixième, le temps des travailleurs à trait.

Comme notre but, dans cette comptabilité, est d'exprimer avec toute l'exactitude, mais aussi avec le plus de briéveté possible, les immenses détails d'une exploitation agricole, nous avons trouvé un puissant moyen pour y arriver, en employant les chiffres pour nommer nos divers travailleurs. En effet, quelle différence entre écrire 2 et 52, au lieu de toutes ces lettres : *Martin et les bœufs charollais, labouré*, etc. (1).

L'emploi des numéros remplaçant les noms des

(1) Dans une exploitation qui exige beaucoup de travailleurs, nous assignons les nombres de 1 à 49 pour nommer les travailleurs à bras ; et les nombres de 50 à 80 pour désigner les travailleurs à trait.

travailleurs, la rédaction simple, naturelle et courte pour désigner l'objet du travail faciliteront beaucoup l'employé, pour écrire en quelques mots, sur son livret, ce qu'il a fait pendant une journée entière. Ainsi, en supposant que cet employé change cinq fois de travail dans le courant de la journée, c'est donc cinq lignes, de chacune quatre à cinq mots qu'il aura à écrire, et cela en cinq temps différents; donc, l'objection que notre méthode ferait perdre trop de temps aux travailleurs n'est pas fondée.

Maintenant nous pensons bien que le nombre d'heures affecté à une nature de travail ne sera le plus souvent exprimé qu'approximativement, attendu que l'employé n'aura pas toujours une montre à sa disposition. Mais ce défaut de précision mathématique ne peut pas avoir beaucoup d'importance.

La division du travail en heure est le seul moyen de savoir, d'une manière exacte, ce qu'a coûté chaque production d'une exploitation agricole.

DU JOURNAL.

Ce livre ou registre, ainsi appelé parce qu'on y tient note, jour par jour, de toutes les affaires que l'on fait, sera tracé et tenu comme dans le modèle ci-après.

Le journal représente, jour par jour, toutes les modifications de valeurs qui ont lieu sur les objets qui constituent le capital accusé par l'inventaire. Ainsi, par exemple, on donne dix litres d'avoine aux chevaux de trait, la valeur de cette graine se transporte de récolte en magasin, à chevaux de trait.

Comme le journal n'est que la copie au net des livrets journaliers tenus par les employés, il sera très-facile au teneur de livres d'y inscrire les diverses opérations que contiennent ces derniers, attendu que la rédaction en est aussi simple, et sauf la colonne des sommes, aussi courte que dans les livrets journaliers.

Car, en supposant trente employés dans l'exploitation, et en admettant que chacun d'eux ait changé trois fois de nature de travail, il y a donc sur chaque livret journalier trois lignes d'environ cinq mots chacune, ce qui fait quatre-vingt-dix lignes à transcrire ; or, si peu habile que soit la personne chargée de faire cette copie sur le journal et sur le grand-livre, elle fera bien toujours deux lignes à la minute, c'est donc une heure et demie, environ, qu'il faut employer chaque jour pour les écritures. Mais il sera rare que l'on ait journellement autant d'opérations à transcrire, attendu que les trente employés supposés changeront rarement de travail trois fois par jour.

Il nous reste à expliquer comment nous comptons la valeur du temps des travailleurs à bras et celui des travailleurs à trait.

Dans beaucoup de localités, l'on évalue le travail comme suit :

Celui d'un homme seul, à	20 cent.	par heure.
Id. d'une femme id., à	15	
Id. d'une paire de bœufs à	40	
Id. d'un cheval, à. . . .	30	

MODÈLE DU JOURNAL.

TRAVAILLEURS.		NATURE DU TRAVAIL ET DATES.	PRODUCTIONS.	Temps DES TRAVAILLEURS.			
à bras.	à trait.	*Du* 15 *septembre* 1850.		à bras.	à trait	fr.	c.
2	50	Labouré au clos Piry pour.	Blé.	3	3	1	35
3	52	Hersé au clos des Bœufs pour.	d°	3	3	1	35
4	54	Labouré au Champ-Brûlé.	d°	4	4	1	80
5	56	Charrié 4 voitures de fumier au clos Piry.	d°	4	4	1	80
6	58	Labouré au Grand-Champ.	d°	3	3	1	35
2	50	Livré 10 h. de blé au marché.	d°	3	3	1	35
1		A payé 15 fr. au charron.	Caisse.			15	
1		A Joseph, maréchal, payé 15 fr,	d°			15	
	50,51	Consommé 20 k°s foin,	Fourrage.			2	
	52,54	d° d°	d°			2	
15		A trait les vaches ce matin.	Laiterie.	1			15
12		A pansé le bétail.		1			
2		A reçu 15 fr. sur son gage.	Caisse.			15	
3		d° d° d°	d°			15	
		Du 16 *septembre* 1850.					
4	54	Charrié 3 voitures de fumier au Grand-Champ.	Blé.	3	3	1	35
3		Travaillé aux rigoles du clos Piry.	Blé.	3			60
13		Fait la cueillette du maïs.	Maïs.	3			60
12		Cassé les mottes au clos des Bœufs.	Blé.	3			60
2	52	Conduit au moulin 10 doubles de	Blé.	3	3	1	35
13		Sarclé le colza.	Colza.	3			60
16		d° d°	d°	3			60
3	54	Hersé au Gr.-Champ pour	Fèves d'hiver	3	3	1	3[illegible]
15		A trait les vaches ce matin.	Vaches.	1			20
7		A pansé les bœufs de trait.	Bœufs.	1			20
8		Emmagasiné 25 litr. de lait.	Laiterie.	1			15
9		Emmagasiné 5 k°s de laine.	Moutons, etc.	1			20
11		A pansé les chevaux.	Chevaux.	1			20

Avant de passer au grand-livre nous ferons observer à nos lecteurs que dans le journal, la colonne intitulée *productions,* n'est considérée que comme un guide indiquant les principaux comptes qui doivent être débités au grand-livre; mais les articles vis-à-vis desquels il n'y a rien d'exprimé dans ladite colonne, n'en doivent pas moins être aussi débités dans les comptes qui leur sont relatifs au grand-livre.

DU GRAND LIVRE.

Pour transporter les articles du journal au grand-livre on y ouvre en premier lieu un compte à chaque objet qui est débité ou crédité au journal.

Ainsi qu'on peut l'observer, chaque folio du grand-livre est composé de deux pages de front ou de regard, c'est-à-dire l'une à côté de l'autre; savoir l'une à gauche et l'autre à droite.

Pour y ouvrir un compte, on écrit en grosse écriture, au commencement de la page gauche, le mot

Doit, afin d'indiquer que l'on y transportera tous les articles dont ce compte est débité au journal; et toujours sur la même ligne, à quelques centimètres de distance du mot **Doit,** l'on écrit le nom de la personne ou de l'objet pour lequel on veut avoir un compte; puis à l'extrémité de cette même ligne, mais sur la page à droite, on écrit également en gros caractère, le mot **Avoir,** pour indiquer que l'on y transportera tous les articles dont ce compte est crédité au journal.

Préparer ainsi un compte, pour une personne ou pour un objet, c'est ce qu'on appelle ouvrir un compte.

Chaque compte du grand-livre étant bien distingué par le nom qui lui est propre, il sera facile d'y transporter tous les articles dont ce compte est débiteur ou créancier au journal.

Par le modèle du grand-livre ci-après, on voit que pour porter un article du journal au grand-livre, il faut :

1° Placer la date, savoir : l'année et le mois en marge, et le quantième du jour entre les deux lignes qui touchent la marge ;

2° Mettre au débit le nom du compte à qui le débiteur doit, précédé de la lettre **A**; ou, si c'est au crédit, mettre le nom du débiteur, précédé du mot **Par**;

3° Exprimer brièvement, et sur la même ligne, pourquoi on débite ou l'on crédite le compte sur lequel on écrit ;

4° Mettre dans la première colonne, qui est au bout de la ligne que l'on écrit, le numéro du folio du journal.

5° Enfin, mettre dans la colonne qui est à l'extrémité de la ligne le total des francs et centimes.

L'utilité du grand-livre doit être facile à reconnaître.

Par ce livre, les divers articles relatifs aux différents débiteurs ou créanciers qui se trouvent mêlés au journal, sont, par son moyen, bien séparés et mis sous un seul point de vue.

Avant d'exposer le modèle du grand-livre, nous croyons utile de donner la nomenclature des principaux comptes que l'on établit dans une comptabilité agricole, ainsi que la manière de les débiter et de les créditer.

Voici quels sont les principaux comptes que nous ouvrons au grand-livre :

Ces comptes que nous ouvrons au grand-livre sont de deux espèces :

1° Ceux ouverts à des individus ;

2° Ceux ouverts à des groupes.

Les principaux comptes individuels sont ceux ouverts :

1° *A chaque espèce de semence en terre ;*

2° *A chaque espèce de récolte en magasin ;*

3° *A chaque individu avec lequel on est en compte;*

4° *A caisse;*

5° *A laiterie;*

6° *A capital,* etc., etc.

Les principaux comptes ouverts à des groupes sont :

1° *A bœufs de trait;*

2° *A bœufs à l'engrais;*

3° *A vaches laitières;*

4° *A genisses;*

5° *A veaux;*

6° *A juments poulinières;*

7° *A chevaux de trait;*

8° *A poulains;*

9° *A moutons ;*

10° *A porcs ;*

11° *A basse-cour ;*

12° *A engrais ;*

13° *A ustensiles aratoires*, etc., etc.

Manière de *débiter* et de *créditer* au grand-livre les précédents comptes :

1° *Les comptes de récoltes en terre* doivent être débités des frais de labours, d'engrais, de semence, de binage, de sarclage, d'assurances contre la grêle, de cueillette, charroi, emmagasinage, égrenage, etc. ; enfin, de toutes les dépenses que lesdites récoltes auront occasionnées, jusqu'à ce qu'on en reçoive la valeur en espèces.

Et ces dits comptes doivent être crédités de la valeur des pailles et du prix qu'on retire des grains.

2° *Les comptes de récoltes en magasin* doivent être débités de leur estimation à l'inventaire, des travaux de manutention, avant et après être sur le grenier.

Et ces comptes doivent être crédités du prix de la vente des dites récoltes.

3° *Le compte de caisse* doit être débité de toutes les sommes qu'elle reçoit, et crédité de toutes celles qu'elle donne.

4° *Le compte de laiterie* doit être débité de la quantité de lait qui entre chaque jour en magasin.

Et crédité par la quantité qui en sort.

5° *Les comptes des travailleurs ou employés* doivent être débités des sommes qu'ils reçoivent, et ils doivent être crédités des travaux et des gages payés.

6° *Le compte des bœufs de trait* doit être débité du prix qu'ils ont coûté ou de celui qu'ils ont été estimés dans l'inventaire, de la valeur de leur nourriture, des frais de pansement, de vétérinaire, de ferrage, et il doit être crédité de la valeur des fumiers et des travaux qu'ils produisent et du prix de leur vente si elle a lieu.

7° *Le compte des bœufs à l'engrais* doit être débité et crédité dans le même sens que le compte des bœufs à trait.

8° *Le compte des vaches laitières* doit être débité de l'estimation des dites vaches, des frais de nourriture, de pansement, de vétérinaire, et il doit être crédité du lait, du fumier, des veaux qu'elles produisent, ainsi que du prix de leur vente.

9° *Les comptes de génisses, veaux, taureaux* doivent être débités du prix que lesdits animaux ont été estimés à l'inventaire, puis des frais de nourriture, pansement, vétérinaire ; et ils doivent être crédités de la valeur du fumier qu'ils produisent, des sauts que font les taureaux, et enfin, du prix de leur vente, si elle a lieu.

10° *Le compte des juments poulinières* doit être débité et crédité dans le même sens que celui des bœufs et des vaches laitières.

11° *Le compte des moutons* doit être débité du prix qu'ils ont été estimés à l'inventaire, des frais de berger, de nourriture, de vétérinaire, et il doit être crédité de la valeur des agneaux, de la laine, du fumier qu'ils produisent et du prix de leur vente.

12° *Les comptes de porcs, truies portières*, etc., doivent être débités du prix de leur estimation à l'inventaire, des frais de nourriture, de vétérinaire, de porcher, et ils doivent être crédités de la valeur du fumier, des cochons de lait qu'ils produisent, et du prix de leur vente.

13° *Le compte d'engrais* doit être débité du prix qu'ils ont coûté, et il doit être crédité du prix auquel ils sont vendus ou cédés aux différentes récoltes.

14° *Le compte de basse-cour* doit être débité de la valeur de toutes les espèces de volailles, lapins, etc., qui en font partie, puis des frais de nourriture et de soins; et il doit être crédité des œufs, plumes, fumier et élèves qu'ils produisent, ainsi que du prix de leur vente.

MODÈLE

Doit.				Caisse.	
1850	sept.	15	à espèces d'après l'inventaire de ce jour.	00	1,500
1850	nov.	15	à blé en magasin livré ce d°	00	400
d°	d°	25	à bœufs à l'engrais vendu et livré ce jour.	00	800
				00	2,700

Doit.				Blé en terre.	
1850	sept.	15	à frais de culture d'après l'inventaire.	00	500
d°	d°	»	à engrais d°	00	700
»	»	»	à semence d°	00	500
»	nov.	15	à nouveaux frais de culture.	00	50
»	déc.	15	à d° d°	00	35
1851	juillet	15	à faucillage, emmagasinage.	00	150
				00	1,935

(1) Le cadre restreint que nous nous sommes imposé ne nous a pas permis de concorder tous les articles du grand-livre avec ceux du journal, ni de donner exemple de toutes les espèces de comptes employés dans une comptabilité rurale.

15° *Le compte d'ustensiles aratoires* doit être débité du prix qu'ils ont coûté et des réparations qui leur sont faites; et il doit être crédité par frais généraux et inventaire de sortie.

AND LIVRE (1)

Avoir.

sept.	20	par engrais, payé ce jour.	(a)	500
d°	30	par 100 moutons, à 12 fr.	00	1,200
octob,	15	par bœufs de trait achetés ce jour.	00	600
			00	2,300

Avoir.

août.	15	par 100 doubles décalitres vendus.	00	400
»	30	par vente d° 600 d° d°	00	2,400
sept.	30	par vente de 500 d° d°	00	2,000
déc.	15	par d° de 400.	00	1,600
»	»	par paille.	00	500
			00	6,900

Les chiffres de cette colonne indiquent les pages du journal où se trouvent les arti-
lont voici l'extrait au grand-livre.

Doit. **Colza en terre.**

1850 août.	30	à frais de culture.		55
» »	»	à engrais.		160
» »	»	à semence.		5
				220

Doivent. **Boeufs de trait.**

1850 sept.	15	à caisse d'après l'inventaire.		1,600
» nov.	15	à frais de nourriture jusqu'à ce jour.		100
» »	15	à d° de vétérinaire.		15
» »	»	à d° de ferrage.		3
				1,718

Doivent. **Boeufs a l'engrais.**

1850 déc.		à caisse.		600
» »		à frais de nourriture.		250
» »		à frais de vétérinaire.		15
				865

Doivent. **Vaches laitières**

1850 sept.	15	à caisse.		850
» oct.	15	à frais de nourriture.		150
» nov.	25	à d° de vétérinaire.		15
				1,015

AVOIR.

juin.	15	par vente de 30 hectolitres.	700
juill.	15	dº dº dº	725
août.	15	dº paille.	15
			1,440

AVOIR.

nov.	15	par fumier, pendant le mois.	20
»	»	par travaux divers.	150
			170

AVOIR.

déc.	15	par fumier, pendant le mois.	30
»	30	par vente au boucher.	1,000
			1,030

AVOIR.

oct.	15	par lait pendant le mois.	50
»	»	par veaux.	50
»	»	par fumier.	50
			150

Doit. **Basse-Cour.**

1850 sept.	15	à caisse d'après l'inventaire.		100
» »	26	à frais de nourriture pendant la semaine.		3
» »	»	à divers soins.		1
				104

Doivent. **Engrais.**

1850 sept.	15	à caisse.		800
» »	»	à frais de manutention.		515
				815

Doit. **Paul** (sous le n° 2, employé de la ferm

1850 sept.	15	à caisse.		120
» »	»	à frais de nourriture.		150
				270

Doit. **Pierre**, maréchal.

1850 sept.	15	à caisse, espèces reçues.		30
» »	15	à blé, achat de 2 hectolitres.		60
» »	25	à travaux divers faits pour s/ compte.		10
				100

Avoir.

oct.	15	par œufs produits cette semaine.		3	60
»	»	par duvet et plumes des oies.		24	
»	»	par vente de 10 lapins.		15	
				42	60

Avoir.

0 sept.	15	par blé en terre.		420
oct.	1er	par seigle d°		28
»	»	par colza d°		160
				608

Avoir.

0 sept.	15	par travaux divers.		270
				270

Avoir.

0 juin.	15	par le ferrage d'une herse.		25
»	30	d° d° de 4 bœufs (52, 54).		6
sept.	15	par 2 socs de charrues.		6
»	»	par ferrage du char à-banc.		120
				157

DE L'INVENTAIRE.

L'inventaire doit précéder l'ouverture des comptes. Pour qu'il soit bien dressé il est nécessaire qu'il soit fait avec méthode et beaucoup de régularité; car il est la base de toute bonne comptabilité. C'est pour indiquer comment il s'établit dans une exploitation agricole que nous avons tracé le modèle ci-dessous, lequel, nous pensons, suffira pour mettre chacun sur la voie qu'il convient de suivre dans cette circonstance.

NOM du GROUPE.	DÉSIGNATION DES OBJETS.	VALEUR.	TOTAL du GROUPE.	Observations
Bœufs.	Les 2 bœufs nommés 50, âgés de 9 ans.	650		
	d° d° 52, d°	600		
	d° d° 54. d°	500	1750	
Taureaux	1 taureau Durham, n° 80, âgé de 3 ans.	350		
	d° d° n° 81, âgé de 2 ans.	250	600	
Vaches,	1 vache laitière, n° 90, âgée de 7 ans.	200		
	d° d° n° 91, d° 6 ans.	200		
	d° d° n° 92, d° 5 ans.	225		
	d° d° n° 93, d° 4 ans,	225	850	

SUITE DE L'INVENTAIRE.

NOM du GROUPE.	DÉSIGNATION DES OBJETS.	VALEUR.	TOTAL du GROUPE.	Observations
Génisses.	1 génisse, n° 94, âgée de 2 ans.	100		
	1 d° n° 95, d°	85		
	1 d° n° 96, d°	80	265	
Juments.	1 jument poulinière, n° 110, âgée de 4 ans,	500		
	1 d° d° n° 111, âgée de 3 ans.	600	1100	
Moutons.	100 moutons, estimés ensemble.	1000	1000	
Porcs.	2 porcs, n°s 150, 151, âgés de 2 ans.	200		
	1 truie portière, sous le n° 160, âgée de 3 ans.	85	285	
Basse-Cour.	10 poules, estimées ensemble.	10 50		
	10 oies d° d°	20		
	10 dindes d° d°	30		
	25 lapins d° d°	44	104 50	
Mobilier et ustensiles de la ferme.	1 char avec ridelles.	180		
	1 d° avec planches.	150		
	1 tombereau.	80		
	1 rouleau squelette.	150		
	1 herse Valcourt.	60		
	3 charrues Dombasle.	250		
	6 faux montées, avec leur pierre.	15		
	7 pioches.	18		
	6 bèches.	12		
	6 fourches en fer.	8	923	

SUITE DE L'INVENTAIRE.

NOM du GROUPE.	DÉSIGNATION DES OBJETS.	VALEUR.	TOTAL du GROUPE.	Observations
Meubles du fermier.	1 table carrée longue en chêne.	20		
	10 chaisses communes.	10		
	2 bancs en chêne.	6		
	1 horloge.	50		
	1 buffet.	40		
	2 garde-robe.	50	186	
Récoltes en magasin.	24 hectolitres de blé froment, à 25 fr.	700		
	20 d° avoine. à 10 d°	200		
	20 d° orge, à 10. d°	200		
	10 d° maïs, à 15. d°	150		
	15 d° fèves, à 15.	225	1475	
Fourrage racine en magasin.	50 hectolitres de pommes de terre, à 2.	100		
	7000 kilos betteraves disette, à 15,	105		
	6000 kilos carottes blanches, à 16.	96	301	
Foin en magasin.	9000 kilos foin, à 50.	450		
	1000 kilos de regain, à 40.	40		
	2000 kilos trèfle, à 50.	100	590	
Pailles en magasin.	500 kilos paille de seigle, à 35.	17 50		
	20,000 kilos paille de froment, à 35.	700		
	3,000 kilos d° d'avoine, à 35.	105		
	1,000 kilos d° d'orge, à 35.	35	857 50	
Engrais en magasin.	25 tonneaux de cendres, à 5.	125		
	20 d° de chaux, à 4.	80		
	35 mètres cubes de fumier, à 4.	210		
	10 d° d° de compost, à 3.	30	445	

INVENTAIRE DES ENGRAIS EN TERRE, ET EMBLAVEMENTS DE LA FERME.

	NOM DU GROUPE.	CONTENANCE ET NATURE DE L'EMBLAVEMENT.	PRÉPARATIONS culturales	VALEUR.	TOTAL.	Observations.
Blé en terre.	Labours.	50 ares blé sur fèves.	2 labours.	18		
		50 ares blé sur pommes de terre.	1 labour.	9		
		2,50 ares blé sur vesces.	3 d°	135		
		2,50 ares blé sur trèfle.	1 d°	60		
		3,00 ares blé sur jachères.	4 d°	288	510	
	Engrais.	60 mètres fumier à	7 fr. le m.	420		
		8 tonneaux de cendres à	6	48		
		28 d° de chaux à	5	140	608	
	Semence.	100 doubles décalitres semence à	5	500	500	
Seigle en terre.	Labours.	30 ares seigle.	3 labours.	16		
	Engrais.	4 mètres cubes de fumier.	à 7 fr.	28		
	Semence.	3 doubles décalitres de semence.	3	9	53	
Colza en terre.	Labour.	130 ares de colza.	1 labour.	31		
	Engrais.	40 mètres cubes de compost,	à 4 fr.	160		
	Semence.	10 litres de semence,	à 0,25	2 50		
	Culture.	48 journées de	Sarclage.	24	217 50	
Trèfle semé en 1853	M-d'œuv.	200 ares semés de trèfle.	1 journée	1 50		
	Semence.	30 litres de grains à	à 0,60	19 50	19 50	

RÉCAPITULATION DE L'INVENTAIRE.

ACTIF.				PASSIF.	
Bœufs	1700	»	à M.	Gilles, propriétaire	3000
Taureaux	600	»	au	Percepteur	200
Vaches	850	»	à	l'Instituteur	30
Génisses	165	»	au	Vétérinaire	150
Juments	1100	»	au	Charron	80
Moutons	1000	»	au	Maréchal	100
Porcs	285	»	à	Jean, domestique	200
Basse-cour	104	50	à	Pierre, d°	200
Ustensiles aratoires	923	»	à	Louis, d°	200
Meubles meublants	186	»	à	Joseph, d°	150
Récoltes en magasin	1475	»	à	Claude, d°	100
Fourrages racines d°	301	»	à	Thérèse, d°	80
Foin en d°	590	»	à	Louise d°	80
Pailles d°	857	50	à	Lucie d°	60
Engrais d°	445	»	à	Bido, tailleur	25
Blé en terre	1618	»	à	Cyrille, manœuvre	20
Seigle d°	53	»	à	Virgile, Md. de bois	150
Colza	217	»	à	Titus, Md. de vin	80
Trèfle	19	50	à	Grégoire	100
Argent en caisse	500	»			
Total de l'actif, ci	12990	00			5005
Total du passif, ci	5005	00			
Capital net	7985	00			

Comme la rédaction d'un inventaire agricole est une chose extrêmement importante, nous ne terminerons pas ce chapitre sans mettre sous les yeux de nos lecteurs les observations suivantes, dont la connaissance est indispensable à ce sujet :

1° L'on a reconnu que chaque mètre cube de fumier pèse de 700 à 800 kilos ;

2° Que chaque mètre cube de fourrage, en meule, ayant pris son tassement, pèse environ 60 à 65 kilogrammes ;

3° Que dans un assolement triennal, blé, avoine, jachère, on suppose que le froment s'empare des trois cinquièmes des engrais déposés dans le sol, et que l'avoine prend à sa charge les deux autres cinquièmes ;

4° Que dans l'assolement alterne, les racines de la première récolte épuisent la moitié des fumiers qu'elles ont reçus ; que la céréale qui les suit épuise la moitié de ce qui reste, et que, sans rien mettre à la charge du trèfle, on fait supporter le dernier quart au blé;

5° Que les frais d'ensemencement des prairies artificielles de longue durée se calculent sur le nombre probable des années que doivent durer ces prairies;

6° Que les plantes sarclées prennent la moitié des engrais qu'elles trouvent dans le sol, et que l'autre moitié reste à la charge des récoltes qui leur succèdent;

7° Enfin, que la nourriture d'un valet est évaluée à 70 c. par jour.

DU RÉPERTOIRE.

Pour faciliter les recherches des comptes du grand-livre, qui sont très-nombreuses dans une comptabilité agricole, on inscrit, par ordre alphabétique, sur un registre destiné à ce sujet et que l'on nomme répertoire, les noms des divers comptes que l'on ouvre au grand-livre.

CONCLUSION.

Ainsi qu'on le voit par cette méthode, la comptabilité n'est pas chose difficile; car ni dans son étude, ni dans son application, aucune tension d'esprit n'est exigée; elle n'est que la représentation des faits quotidiens de toutes les modifications que subissent les valeurs dans leurs transformations.

Par la marche de la comptabilité que nous proposons, toutes les opérations culturales, toutes les ventes, tous les achats, les rentrées, les sorties s'enregistrent d'une manière simple, naturelle; d'abord, sur les divers livrets journaliers et sur le journal; puis vont ensuite se ranger, par ordre de matière, dans le grand-livre.

D'après notre méthode encore, aucune réflexion n'est nécessaire pour trouver le débiteur et le créancier d'un compte, attendu qu'ils sont parfaitement distincts :

1° Le premier dans la colonne intitulée productions;

2° Le second dans les colonnes des travailleurs.

Enfin, nous terminons ce petit traité sur la comptabilité rurale, avec l'espoir qu'avant peu de temps, la plupart de nos cultivateurs sauront s'expliquer ce que leur a coûté telle ou telle récolte et ce qu'elle leur a rapporté. En sachant ces choses, nous sommes assurés que ces agriculteurs exerceront leur profession avec profits, ou du moins qu'ils ne l'exerceront pas longtemps avec pertes.

MÉTHODE

FAISANT CONNAITRE LE POIDS BRUT ET LE POIDS NET DES ANIMAUX SUR PIEDS SANS RECOURIR A DES PESÉES.

INTRODUCTION.

Pour déterminer le poids brut du bétail en vie, nous nous sommes servi des formules qu'ont fournies sur ce sujet, M. Quetelet, directeur de l'Observatoire de Bruxelles, secrétaire perpétuel de l'Académie royale, et M. de Gasparin, de l'Académie des sciences de Paris.

Voici la loi que ce dernier a adoptée dans ses calculs : il considère l'animal comme pesant autant qu'un cylindre d'eau qui aurait pour circonférence de base une circonférence égale au contour de la section verticale faite derrière les jambes de devant, et dont la hauteur serait les 11/10es de la longueur horizontale de l'animal, depuis la partie antérieure de l'épaule jusqu'à la perpendiculaire qui touche la partie la plus en arrière des cuisses, de sorte qu'en prenant le centimètre pour unité de longueur et le kilogramme pour unité de poids, nous avons calculé immédiatement les nombres des tables ci-après par cette formule :

$$\text{Le poids de l'animal} = \tfrac{11}{10}\, C^2\, H.$$

Pour établir le poids net, nous avons pris le terme moyen parmi les rapports qu'établissent du poids net au poids brut MM. Sainclair, Stephesen et Layton Cooke, agronomes anglais.

Nous avons donc formé nos calculs d'après le rapport de 0,65 à 1 ; c'est-à-dire qu'un bœuf ordinaire pèsera poids net 0,65 de son poids brut, et pour les bœufs de première qualité 0,70.

MOYEN

DE SE SERVIR DES TABLES CI-APRÈS POUR OBTENIR LE POIDS BRUT ET LE POIDS NET DU BÉTAIL EN VIE, SANS RECOURIR A DES PESÉES.

Pour faire usage des tables ci-contre, il faut se procurer un ruban ayant environ 2 mètres et demi de longueur et qui soit divisé en centimètres. Il est essentiel que ce ruban ne soit pas extensible, et que les divisions marquées de chaque côté ne puissent pas s'altérer par l'usage que l'on en fait (1).

Pour connaître, soit le poids brut, soit le poids net de l'animal, il faut d'abord mesurer sa circonférence ; cette mesure se prend derrière les deux jambes de

(1) On trouve de ces rubans divisés en centimètres chez tous les marchands quincailliers et merciers, mais comme ils n'ont qu'un mètre de longueur, il faut donc s'en procurer trois que l'on attachera exactement les uns au bout des autres.

3.

devant; ensuite il faut mesurer sa longueur, que l'on prend depuis le devant de l'épaule jusqu'à la partie la plus arriérée des cuisses. Alors, cherchant dans la table exprimant la nature du poids que l'on désire le nombre semblable à celui que l'on a trouvé de la circonférence de la bête, puis suivant la ligne horizontale, vis-à-vis ce nombre, jusqu'à ce qu'on soit arrivé sous le nombre semblable à celui que l'on a trouvé de la longueur, le chiffre où l'on se sera arrêté sera le poids cherché.

EXEMPLE :

Si un bœuf a 140 centimètres de circonférence et qu'il ait 130 centimètres de longueur, ce bœuf pèsera brut 223 kilos et il pèsera net 144 kilos, ainsi qu'on le voit par les premier et quatrième tableaux.

POIDS BRUT DES BÊTES A CORNES EN KILOGRAMMES.

CIRCONFÉRENCE prise derrière les jambes de devant.	*Longueur en centimètres depuis la partie antérieure de l'épaule jusque derrière la cuisse.*															
	120	124	128	130	132	134	136	138	140	142	144	146	148	150	152	154
140.	206	213	220	223	226	230	233	237	240	244	247	250	254	257	261	264
142.	212	219	226	229	233	236	240	244	247	251	254	258	261	265	268	272
144.	218	225	232	236	240	243	247	250	254	258	261	265	269	272	276	280
146.	224	231	239	242	246	250	254	257	261	265	269	272	276	280	284	287
148.	230	238	245	249	253	257	261	265	268	272	276	280	284	288	291	295
150.	236	244	252	256	260	264	268	272	276	280	283	287	291	295	299	303
152.	243	251	259	263	267	271	275	279	283	287	291	295	299	303	307	311
154.	249	257	266	270	274	278	282	286	291	295	299	303	307	311	316	320
156.	256	264	273	277	281	285	290	294	298	302	307	311	315	319	324	326
158.	262	271	280	284	288	293	297	302	306	310	315	319	323	328	332	337
160.	269	278	287	291	296	300	305	309	314	318	323	327	332	336	341	345
162.	276	285	294	299	303	308	312	317	322	326	331	335	340	345	349	354
164.	282	292	301	306	311	315	320	325	330	334	339	344	348	353	358	362
166.	289	299	309	314	318	323	328	332	338	342	347	352	357	362	366	371
168.	296	306	316	321	326	331	336	341	346	351	356	361	366	370	375	380
170.	304	314	324	329	334	339	344	349	354	359	364	369	374	379	385	390
172.	311	321	331	337	342	347	352	357	362	368	373	378	383	388	393	399
174.	318	329	339	344	350	355	360	368	371	376	382	387	392	397	403	408

CIRCONFÉRENCE prise derrière les jambes de devant.	Longueur en centimètres depuis la partie antérieure de l'épaule jusque derrière la cuisse.															
	140	142	144	146	148	150	152	154	156	158	160	162	164	166	168	170
176.	380	385	390	396	401	407	412	418	423	428	434	439	445	450	455	461
178.	388	394	399	405	411	416	422	427	432	438	444	449	455	460	466	471
180.	397	403	408	414	420	425	431	437	442	446	454	459	465	471	477	482
182.	406	412	417	423	429	435	441	446	452	458	464	470	475	481	487	493
184.	415	421	427	433	438	444	450	456	462	468	474	480	486	492	498	504
186.	424	430	436	442	448	454	460	466	472	478	484	490	496	503	509	515
188.	433	439	445	452	458	464	470	476	483	489	495	501	507	514	520	526
190.	442	449	455	461	468	474	480	487	493	499	506	512	518	525	531	537
192.	452	458	465	471	477	484	490	497	503	510	516	523	529	536	542	549
194.	461	468	474	481	487	494	501	507	514	520	527	534	540	547	553	560
196.	471	477	484	491	498	504	511	518	524	531	538	545	551	558	565	572
198.	480	487	494	501	508	515	521	528	535	542	549	556	563	570	576	583
200.	490	597	504	511	618	525	532	539	546	553	560	567	574	581	588	595
202.	500	507	514	521	529	536	543	550	557	564	571	579	586	593	600	607
204.	510	517	524	532	539	546	554	561	568	575	583	590	597	605	612	619
206.	520	527	535	542	550	557	565	572	579	587	594	602	609	612	624	631
208.	530	538	545	553	560	568	576	583	591	598	606	613	621	628	636	644
210.	540	548	556	563	571	579	587	594	602	610	618	625	633	641	648	656

Table title: POIDS BRUT DES BÊTES A CORNES EN KILOGRAMMES.

POIDS BRUT DES BÊTES A CORNES EN KILOGRAMMES.

CIRCONFÉRENCE prise derrière les jambes de devant.	*Longueur en centimètres depuis la partie antérieure de l'épaule jusque derrière la cuisse.*																	
	152	154	156	158	160	162	164	166	168	170	172	174	176	178	180	184	188	192
212.	598	606	614	622	629	637	645	653	661	669	677	685	692	700	708	724	740	775
214.	609	617	625	633	641	649	657	665	673	681	689	698	705	713	721	737	754	769
216.	621	629	637	645	653	662	670	678	686	694	702	711	719	727	735	751	768	784
218.	632	641	649	657	666	674	682	691	699	707	715	724	732	740	749	765	782	799
220.	644	652	661	669	678	686	695	703	712	720	729	737	746	754	763	780	797	813
222.	656	664	673	681	690	699	707	716	725	733	742	751	759	768	776	794	811	828
224.	668	676	685	694	703	712	720	729	738	747	755	764	773	782	790	808	826	843
226.	680	688	697	706	715	724	733	742	751	760	769	778	787	796	805	822	840	858
228.	692	704	710	719	728	737	746	755	764	773	783	792	801	810	819	837	855	874
230.	704	713	722	732	741	750	759	768	778	787	796	806	815	824	833	852	870	889
232.	716	725	735	744	754	763	773	782	791	801	811	821	830	839	849	868	887	905
234.	728	748	748	757	767	776	786	796	805	815	824	834	843	853	863	882	901	920
236.	741	751	760	770	780	790	800	809	819	829	839	848	858	868	878	897	916	936
238.	754	763	773	783	793	803	813	823	833	843	853	863	873	883	893	912	932	952
240.	766	776	786	797	807	817	827	837	847	857	867	877	887	897	907	928	948	968

POIDS NET DES BÊTES A CORNES EN KILOGRAMMES.

CIRCONFÉRENCE prise derrière les jambes de devant.	*Longueur en centimètres depuis le devant de l'épaule jusque derrière la cuisse.*															
	120	124	128	130	132	134	136	138	140	142	144	146	148	150	152	154
140..........	133	138	143	144	146	149	151	153	156	158	160	162	165	166	169	171
142..........	138	142	147	148	151	153	156	158	160	163	165	167	169	172	174	176
144..........	141	146	149	151	156	157	160	162	165	167	169	172	174	176	179	180
146..........	145	150	155	157	160	162	165	166	169	172	174	176	179	180	184	187
148..........	149	154	159	161	164	166	169	172	173	176	179	182	185	187	189	192
150..........	153	158	163	166	169	171	173	176	179	182	183	186	189	192	193	197
152..........	157	163	168	170	173	176	178	180	183	186	188	191	193	196	199	202
154..........	161	167	172	175	177	180	183	185	189	191	193	197	199	202	205	207
156..........	166	171	176	180	182	185	188	191	193	196	199	202	204	206	210	212
158..........	170	176	182	184	187	190	193	196	198	202	204	207	209	213	215	218
160..........	174	179	184	189	192	195	198	200	204	206	209	212	215	219	221	224
162..........	179	185	190	194	196	200	202	206	209	211	214	217	220	224	226	230
164..........	183	189	195	198	202	204	208	211	214	217	220	223	226	229	232	235
166..........	187	194	200	204	206	208	211	215	219	222	225	228	232	235	238	240
168..........	192	198	205	208	211	215	216	221	225	227	231	234	238	240	244	247
170..........	197	204	210	213	217	220	223	226	230	233	236	239	243	246	250	253
172..........	202	208	214	219	222	225	228	232	235	238	242	245	248	252	255	258
174..........	206	213	220	223	227	230	234	238	240	244	248	251	254	258	261	264

POIDS NET DES BÊTES A CORNES EN KILOGRAMMES.

CIRCONFÉRENCE prise derrière les jambes de devant.	*Longueur en centimètres depuis le devant de l'épaule jusque derrière la cuisse.*															
	140	142	144	146	148	150	152	154	156	158	160	162	164	166	168	170
176.	247	250	253	257	260	264	267	271	276	278	281	284	288	292	295	299
178.	253	256	259	263	266	270	274	277	281	284	288	291	295	299	302	305
180.	258	262	265	269	273	276	280	284	287	289	295	297	302	306	309	313
182.	263	267	271	275	278	282	286	289	293	296	301	305	308	312	316	320
184.	269	273	277	281	284	288	292	296	299	304	307	312	315	319	322	327
186.	275	280	283	287	291	294	299	302	305	309	314	319	322	326	330	334
188.	281	285	289	293	297	301	305	308	313	317	321	325	329	333	338	341
190.	287	291	295	299	304	307	312	316	320	323	328	332	336	341	345	349
192.	293	297	302	305	309	314	319	322	327	331	334	339	343	348	352	356
194.	299	304	307	312	316	320	325	329	334	338	342	347	349	355	359	364
196.	306	310	314	319	322	327	332	336	341	345	349	354	356	361	365	370
198.	312	316	320	325	329	334	338	343	348	352	356	360	364	368	372	378
200.	318	322	327	332	336	341	345	349	355	358	364	367	373	377	380	385
202.	325	329	334	338	343	348	352	357	361	365	370	375	380	385	390	393
204.	331	336	340	345	349	355	358	364	368	372	378	383	388	393	397	401
206.	338	342	347	352	357	361	366	370	375	381	385	391	396	397	405	410
208.	344	349	354	358	364	368	373	378	383	388	393	397	403	408	413	418
210.	351	356	360	365	370	375	381	385	391	396	400	406	411	416	419	427

POIDS NET DES BÊTES A CORNES EN KILOGRAMMES.

CIRCONFÉRENCE prise derrière les jambes de devant.	*Longueur en centimètres depuis le devant de l'épaule jusque derrière la cuisse.*																	
	152	154	156	158	160	162	164	166	168	170	172	174	176	178	180	184	188	192
212.	418	424	429	435	440	445	451	457	462	468	473	479	484	490	495	506	518	521
214.	426	431	437	443	448	454	459	465	471	476	482	489	493	499	504	515	527	538
216.	434	440	445	451	457	463	469	474	480	485	494	497	503	508	514	525	537	548
218.	442	448	454	459	466	471	477	483	489	494	500	506	512	518	524	535	547	557
220.	450	456	462	468	474	480	486	492	498	504	510	515	522	527	534	546	557	569
222.	459	464	469	476	483	489	494	501	507	513	519	525	531	537	543	555	567	579
224.	467	473	479	485	492	498	504	510	516	522	528	534	541	546	553	565	578	590
226.	476	481	487	494	500	506	513	519	525	532	538	544	550	557	563	575	588	600
228.	484	490	497	503	509	515	522	528	534	541	542	554	560	567	573	586	598	611
230.	492	499	505	512	518	525	531	537	544	550	557	564	570	576	583	596	609	622
232.	501	507	514	520	527	534	539	547	553	560	567	574	581	587	594	608	620	633
234.	509	516	523	529	536	543	550	555	563	570	576	583	590	597	604	617	630	644
236.	518	525	532	539	546	553	560	566	573	580	587	593	600	607	614	627	641	655
238.	527	534	540	548	555	562	569	576	583	590	597	604	611	618	625	638	652	666
240.	536	543	550	557	564	571	578	585	592	599	606	613	620	627	634	649	663	677

NOTIONS DE CHIMIE AGRICOLE

OU MOYENS DE CONNAITRE LES SUBSTANCES DONT LES DIFFÉRENTES TERRES SONT COMPOSÉES.

Apprendre à connaître facilement les véritables éléments des sols cultivables, afin de pouvoir, s'il est nécessaire, en modifier la composition et les rendre par là plus propres à telle ou telle espèce de culture, tel est le but que nous nous proposons en présentant à nos lecteurs ruraux cette notice sur la chimie agricole appliquée à l'agriculture.

Dans presque toutes les localités, les cultivateurs reconnaissent quatre espèces de terres :

1° Les terres franches, qui sont faciles à ameublir et qui gissent ordinairement dans la partie basse du sol, près des rivières ;

2° Les terres blanches ou froides, ainsi appelées parce que dans elles domine l'alumine ou l'argile, terre glaise ;

3° Les terres brûlantes, ainsi nommées parce que dans elles domine le calcaire et ne contiennent point d'humus ou de matières organiques décomposées;

4° Enfin, les terres sablonneuses, lesquelles sont totalement composées de sable, soit calcaire, soit siliceux.

D'après ce qui précède, l'on voit que les substances des diverses terres sont donc le plus souvent composées de calcaire, d'alumine, de silice, de magnésie et de débris végétaux et animaux.

Le calcaire, autrement dit carbonate de chaux, est une substance très-abondante dans la nature; car c'est ce que nous appelons pierre à bâtir, pierre à chaux, craie, marbre; toutes ces substances sont de la chaux combinée avec un gaz appelé acide carbonique.

Lorsqu'on veut connaître s'il y a de la chaux dans un sol, il faut verser sur la terre de ce sol de l'eau forte (acide acétique), et, s'il y a de la chaux carbonatée dans cette terre, il se produit immédiatement une vive effervescence. L'on peut même faire cette expérience avec de fort vinaigre.

L'alumine se trouve aussi très-répandue sur notre sol; une terre où il y en a une grande quantité est d'un blanc gris, et quelquefois légèrement colorée de rouge.

Par les fortes chaleurs, la terre chargée d'alumine se durcit et se crevasse tellement qu'elle se lève tout d'une pièce en la labourant.

Pour connaître si une terre contient beaucoup d'alumine, il faut en prendre une petite quantité dans sa main, et en soufflant dessus il devra s'exhaler une odeur terreuse.

Plus un sol contient d'alumine, plus il est froid et plus aussi il est difficile à diviser et à en écraser les mottes.

Tout le monde connaît la silice; car les pierres à fusil, les pierres à moudre, les pavés, le grès, tout cela est de la silice; on la trouve presque dans tous les sols.

Lasilice à l'état de pureté est sans couleur, sans odeur; elle ne peut se dissoudre dans l'eau; mais il est très-facile de reconnaître son existence dans les terrains argileux; pour cela, il suffit de verser sur ceux-ci de l'acide sulfurique (huile de vitriol) étendu d'eau et bouillant; alors l'acide dissout l'alumine et laisse la silice intacte.

La propriété de la silice dans les sols est de les diviser, et par là de les préparer à recevoir l'ameublissement qu'on veut leur donner.

L'on a reconnu que dans les terres où il y a de la silice, les tiges des céréales sont plus solides, et conséquemment moins sujettes à verser que celles semées sur les autres espèces de terrains.

Pour s'assurer s'il y a de la magnésie dans une terre, il faut en prendre une poignée, sur laquelle on versera de l'acide muriatique ou acide chloridrique étendu d'eau; après avoir agité ce mélange, il faut y verser de la potasse du commerce; alors la chaux se précipite au fond; ensuite on fera bouillir la partie liquide restante, et si la terre contient de la magnésie, elle se précipitera.

Comme la magnésie conserve sa causticité beaucoup plus longtemps que la chaux, elle devient mortelle aux plantes lorsqu'elle est par trop abondante dans une terre.

On appelle humus les substances végétales et animales qui font partie de la couche végétale ou productive, et que l'on trouve en plus ou moins grande quantité dans toutes les terres arables.

La présence de l'humus dans une terre se reconnaît à l'odeur assez forte qui s'en exhale, après que cette terre, placée dans un creuset, a été chauffée jusqu'à ce que l'on ait obtenu du charbon.

Beaucoup de nos sols contiennent de l'oxide de fer (dit rouille). L'oxide ou rouille se reconnaît en le faisant simplement dissoudre dans l'eau régale bouillante. La dissolution opérée, on y versera de la potasse, ou de la soude, ou de l'ammoniaque; alors l'oxide de fer tombera, sous la forme de flocons jaune-orange.

Un bon sol doit contenir partie égale de chaux carbonatée, d'alumine, de silice, et un quatorzième en volume de débris organiques.

Le carbone et l'hydrogène sont les parties constituantes de toutes les plantes et de tous leurs organes.

Toutes les graines, sans exception, renferment une combinaison azotée.

MANIPULATION CHIMIQUE.

OU MOYEN DE CONNAITRE LA QUANTITÉ DE CHAQUE SUBSTANCE DONT UNE TERRE EST COMPOSÉE.

Supposons 500 grammes de terre dont nous voulons connaître le poids de chacune des substances qu'elle renferme. Nous plaçons cette quantité dans un vase en fer, et nous la chauffons graduellement, avec précaution, jusqu'à ce que l'eau se soit entièrement vaporisée. Nous pesons la terre, et ce qui est en moins des 500 grammes représente la quantité d'eau vaporisée.

Après avoir replacé cette terre dans le vase en fer, nous le chauffons de nouveau jusqu'au rouge, et en même temps nous ne cessons de remuer la terre avec une baguette en fer, jusqu'à ce que le charbon qui se forme soit entièrement décomposé; alors nous pesons la matière qui est dans le vase, et la différence que nous trouvons indique le poids des substances animales et végétales (autrement dit humus) contenues dans l'échantillon que nous analysons. Après que cette masse est refroidie, nous l'enlevons du vase en fer et nous la mettons dans un vase en verre, afin de pouvoir la traiter par l'acide muriatique étendu d'eau. Comme, au moment où l'on commence cette nouvelle opération, il se produit presque toujours une effervescence, nous attendons que le bouillonnement soit terminé : après avoir laissé la terre se déposer au fond du vase, nous enlevons le liquide ; ce liquide s'est emparé de la substance calcaire renfermée dans la terre ; alors il faut laver, sécher encore une fois et repeser la terre en question : ce qui manque entre cette pesée et les précédentes indique la quantité de chaux carbonatée que cette terre contenait.

Pour déterminer le poids de la silice et de l'alumine, il faut délayer ce dépôt dans l'acide muriatique affaibli, ou dans de l'eau, et après l'avoir agité et abandonné à lui-même, la silice contenue dans ce dépôt tombe au fond du vase. Nous pesons ce sable après l'avoir fait sécher.

Pour trouver le poids de l'alumine contenu dans la terre analysée, nous additionnons le poids des diverses substances que nous avons trouvées précédemment, et ce qui manque pour faire le poids des 500 grammes analysés, c'est ce que pèse l'alumine.

Dans cette analyse, nous nous sommes bornés à rechercher seulement les éléments des sols cultivables, en laissant de côté différentes substances dont la connaissance serait parfaitement inutile aux cultivateurs.

Enfin, en terminant ces notions de chimie agricole appliquée, nous donnerons encore un conseil à ces bons agriculteurs : c'est celui de ne pas seulement se contenter d'équilibrer dans une terre les substances nécessaires à la rendre bonne, mais encore à se baser sur les besoins des végétaux que l'on veut faire produire à cette terre.

TABLE DES MATIÈRES

CONTENUES DANS CET OUVRAGE.

Paris. — E. De Soye, imprimeur, rue de Seine, 36.

www.ingramcontent.com/pod-product-compliance
Ingram Content Group UK Ltd.
Pitfield, Milton Keynes, MK11 3LW, UK
UKHW022125260726
13993UKWH00003B/1246